LE NOUVEAU QUARTIER ANGLOIS,

OU

DESCRIPTION ET USAGE D'UN NOUVEL INSTRUMENT POUR OBSERVER LA Latitude sur Mer.

Par M. D'APRE'S DE MANNEVILLETTE;
Lieutenant des Vaisseaux de la Compagnie des Indes.

A PARIS, RUE S. JACQUES,

Chez { LAMBERT, Libraire, à la Sagesse.
DURAND, Libraire, à Saint Landry.

M. DCC. XXXIX.

Avec Approbation & Privilege du Roy.

LE NOUVEAU QUARTIER ANGLOIS, OU DESCRIPTION ET USAGE D'UN NOUVEL INSTRUMENT *POUR OBSERVER LA Latitude sur Mer.*

CET Instrument consiste en un demi-quart de cercle, dont l'arc, comme on sçait, ne contient que 45°. mais par la nature de la refléxion, qui s'y fait sur deux petits Miroirs, les demi-degrés valent des degrés entiers ; c'est pourquoi l'arc eſt diviſé en 90. parties ou degrés, par des tranſverſales, enſorte qu'on y peut facilement diſtinguer les minutes de degré, & prendre toutes les hauteurs depuis l'Horiſon juſqu'au Zenith.

On a placé un Miroir ſur le centre, ou plûtôt immédiatement ſur l'Alidade de l'Inſtrument : ce Miroir eſt fixé perpendiculairement à cette Alidade, & reçoit la premiere image du Soleil ou de l'objet qu'on veut obſerver, d'où elle eſt renvoyée ou refléchie ſur un autre morceau de glace plus petit que le premier, & qui eſt placé ſur un des côtés ou rayons de l'Inſtrument. Ce ſecond morceau de glace eſt moitié Miroir, & moitié tranſparent : on doit obſerver que la moitié du morceau de glace qui fait Miroir, ſe trouve dans une couliſſe qui eſt à angles droits, ou d'équerre, avec le plan de l'Inſtrument; d'où il eſt clair que l'autre moitié paroît en dehors, & se trouve par conséquent plus éloignée du plan de l'Instrument : ce morceau de glace est monté en cuivre, de façon qu'on peut toujours le ramener à une situation perpendiculaire au plan de l'Instrument par le moyen d'une vis de cuivre *X*, placée sur la partie de la plaque qui est d'équerre à celle qui porte le Miroir : ce petit Miroir a la liberté de tourner circulairement, ensorte qu'on peut toujours l'aménér à sa vraye position par rapport au Miroir fixe porté par l'Alidade.

On a de plus placé entre les deux Miroirs, un ou plusieurs verres obscurs, de façon qu'on les peut tourner & interposer à la réfléxion, & rendre l'image du Soleil assez foible pour être vûë commodément ; outre cela, il y a sur un autre rayon de l'Instrument une pinnule pour placer l'œil de l'Observateur : la hauteur du Soleil ou d'une étoile au-dessus de l'Horison se détermine dans cet Instrument par le secours des deux glaces ou Miroirs qui doivent être inclinés l'un à l'autre, ce qui arrive toujours lorsqu'on fait mouvoir l'Alidade ; mais pour prendre hauteur, il faut l'aménér à une position telle que l'œil de l'Observateur juge que l'objet observé, comme le Soleil, ou l'étoile, est descendu à l'Horison : or on connoît l'inclinaison du petit Miroir par rapport au grand qui est sur l'Alidade, si l'on sçait le double de l'angle de cette inclinaison, c'est-à-dire *la hauteur cherchée* : c'est ce qui se trouve marqué par l'Alidade sur l'arc divisé, & se compte, sçavoir la hauteur sur l'Horison, depuis le commencement de la graduation en *A*, jusqu'au lieu de l'Alidade ; & la distance au Zenith qui est son complement, se compte au contraire depuis *C*, où finit la graduation jusqu'au lieu de l'Alidade : la petite vis de cuivre placée sous l'étrier de cette Alidade est pour l'assujettir, & l'empêcher d'être trop libre.

Maniere de rectifier l'Instrument.

Lorsqu'on veut prendre hauteur avec cet Instrument, on ne doit jamais négliger de le rectifier, ce qui s'exécute très-facilement pour peu qu'on y fasse attention : il faut pour cela mettre l'Alidade au point 0°. de la graduation, & tenant l'Instrument d'aplomb, ou à peu près, & l'arc en bas, on placera l'œil à un des trous de la pinnule, & on regardera l'Horison à travers de la partie non étamée du petit Miroir : il faut remarquer qu'on peut, quand il est nécessaire, faire tourner circulairement la piece qui porte le petit Miroir, par le moyen d'une queüe de buis placée derriere l'Instrument : on desserre un peu pour cet effet, la vis de cuivre *X*, jusqu'à ce que l'Horison, refléchi dans la partie étamée, & vû en même-tems à travers de celle qui ne l'est point, ne fassent qu'une même ligne droite, & sans courbure : & cette derniere circonstance se vérifie en faisant mouvoir l'Instrument de droite à gauche & le balançant un peu; car on apperçevra l'Horison refléchi dans le petit Miroir, se désunir quelquefois de l'Horison apperçû à travers de la glace, & c'est ce qui fait connoître que le petit Miroir n'est pas perpendiculaire au plan de l'Instrument : pour l'aménerà cette situation on se sert de la vis placée derriere le Miroir sur la plaque, en la serrant, ou desserrant un peu, suivant l'un des deux cas suivans.

1°. Si en penchant l'Instrument sur la gauche, l'Horison vû dans la moitié de la glace qui fait Miroit, s'éleve au-dessus de celui qui est vû à travers de l'autre moitié, il faut serrer la vis: 2°. Si au contraire il s'abaisse en dessous, il faut la desserrer, jusqu'à ce qu'enfin penchant & balançant l'Instrument dans quelque situation que ce soit, l'Horison vû dans la glace, & à travers, soient toujours joints ensemble.

Le mouvement de cette vis est très-sensible, & souvent un demi-tour suffit; il faut neanmoins avoir attention pendant tout le tems de cette préparation que l'Alidade soit toujours au commencement de la graduation.

Si le lieu où est l'Observateur, étoit fort élevé au-dessus de la ligne horisontale, & qu'on voulut sur l'Instrument même, avoir égard à cette élévation, il faudroit au lieu d'avoir mis l'Alidade au commencement de la graduation, comme il est dit au premier article, le mettre d'autant de minutes au-deçà qu'il eſt marqué dans la Table des élevations miſe à la fin de cette inſtruction; & enſuite diſpoſer le petit Miroir comme on l'a dit ci-deſſus.

Il y a au commencement & à la fin de la graduation du demi-quart de cercle, quelques portions graduées, & qui doivent ſervir à donner plus que le quart de cercle; ce qui eſt deſtiné pour ce que nous venons d'expliquer.

Maniere d'obſerver.

On tiendra l'Inſtrument, l'arc en bas, le plus perpendiculaire que l'on pourra, ſans pourtant ſe gêner beaucoup, parce que ſuivant ce qui va être dit, il eſt facile de connoître s'il n'eſt pas d'aplomb, & par conſéquent de le tenir comme il doit être.

On placera enſuite l'œil à la pinnule, & regardant l'Horiſon de la Mer à travers la glace, dans l'endroit qui répond à peu près au-deſſous du Soleil ou d'un autre astre dont on voudra observer la hauteur, on fera avancer l'Alidade sur le limbe, & par le moyen de ce mouvement, l'image refléchie du Soleil ou de l'astre, viendra se joindre à l'Horison vû à travers la glace, & la hauteur de l'astre sera exprimée par le nombre des degrés marqués par l'Alidade, comme nous l'avons déja dit. Il m'a paru par une longue expérience, qu'il étoit plus commode, & plus sûr, pour que l'observation fût exacte & sans erreur, de la faire sur le bord de la partie étamée du petit Miroir, se servant du bord inférieur du disque du Soleil, & observant quand il est précisement de niveau avec le bord de l'Horison, qu'on voit en même-tems à travers de la partie non étamée : on interposera le verre obscur, si le Soleil est trop brillant, ou on le retirera, si l'objet n'a pas assez d'éclat pour être vû à travers : je dis qu'il faut se servir du bord inférieur, parce que si on prenoit le centre, on pourroit, faute de le bien déterminer dans le disque, se tromper de quelques minutes, au lieu qu'en ajoûtant aux degrés & minutes de de la hauteur trouvée 16. minutes $\frac{1}{3}$ au premier Janvier, mais seulement 15. minutes $\frac{3}{4}$ au premier Juillet, & à proportion dans les autres tems de l'année; ensorte qu'au premier Avril & Octobre, on ait exactement 16. minutes pour le demi-diamétre du Soleil, on aura la hauteur exacte *D* de son centre sur l'Horison.

Il reste à présent à connoître si l'Instrument est perpendiculaire quand on fait l'observation, ce qui est très-facile; car si on fait mouvoir l'Instrument de côté, tenant toujours l'image sur le bord du verre, on la verra couler en arc le long de l'Horison, & si l'Instrument est droit, cette image touchera l'Horiſon au ſeul point où l'obſervation a été faite ; ſi elle le coupoit en la faiſant ainſi gliſſer, il faudroit retirer un peu la régle afin que le bord du Soleil raſât ſeulement l'Horiſon ; cette opération eſt plus facile qu'on ne peut l'expliquer, & rend l'obſervation très-exacte.

On connoît que le Soleil monte, ſi un inſtant après avoir ajuſté ſon image avec l'Horiſon on la voit s'élever au-deſſus : pour lors il faut avancer l'Alidade ; on connoît de même l'inſtant qu'il commence à baiſſer lorſqu'on voit le bord plus bas que le niveau de l'Horiſon ; ce mouvement de l'Alidade eſt ſi ſenſible, qu'on ne peut l'avancer, ou la retirer de 1. ou 2. minutes, qu'on ne s'en apperçoive par la déſunion de l'objet avec l'Horiſon ; ce qui fait qu'il n'y a point d'Inſtrument ſi exact parmi tous ceux qui ont été juſqu'à préſent en usage pour la Mer ; car tout Pilote conviendra qu'il peut à la fléche ou au quart de 90$^{d.}$ avancer le gabet de 2 ou 3 minutes, sans s'en appercevoir sensiblement par l'ombre.

Si on veut prendre hauteur aux étoiles, la meilleure maniere de l'observer est de regarder d'abord l'étoile directement, l'Alidade étant sur le point zero ; ensuite avancer la régle sans perdre l'étoile de vûë, & la conduire par ce mouvement à l'Horison ; cette précaution m'a paru nécessaire tant à cause de l'obscurité, que pour ne pas prendre une étoile pour l'autre.

Comme c'est pendant la nuit qu'on fait ces sortes d'observations & qu'elle est souvent obscure, il faut descendre l'image aussi près de la surface de la Mer que l'on pourra, & on feroit encore mieux de se servir des étoiles qui passent au Meridien pendant le Crepuſcule du ſoir ou du matin, ou bien de profiter du clair de Lune, qui rend l'obſervation plus préciſe, parce que l'Horiſon eſt plus facile à déterminer.

A l'égard des hauteurs priſes le Soleil étant au Zenith, ou aux environs, & qui ſont auſſi exactes avec cet Inſtrument, que ſi cet aſtre n'étoit que 60$^{d.}$ au-deſſus; il m'a paru utile d'en parler ſéparément pour ne laiſſer rien de difficile ſur l'uſage, ou la maniere de s'en ſervir.

Etant incertain ſi on eſt au Nord ou au Sud du Soleil, il faut quelque tems avant le midi obſerver la hauteur, comme on a dit ci-devant, ſans s'embarraſſer du point de l'Horiſon, où ſe rencontre l'aſtre reflêchi, car il ſera toujours vers l'Orient: on remarquera ſeulement qu'il faut en faiſant mouvoir l'Inſtrument, faire gliſſer l'image au tour de l'Horiſon, afin d'être aſſuré que ce point eſt la moindre diſtance du Zenith, & le ſeul où il peut toucher l'Horiſon ſans le couper; ce mouvement ſe faiſant très-promptement, on s'apperçoit de l'inſtant où le Soleil croiſe le Méridien, en regardant du Nord ou du Sud vers l'Oueſt : on s'en apperçoit, dis-je, de la même maniere qu'on connoît dans les autres hauteurs qu'il commence à baiſſer : car ſi le Soleil eſt au Zenith ou à 2 ou 3 minutes du Zenith auſſi-tôt qu'on aura ajuſté l'image du Soleil avec l'Horiſon, & qu'elle le raſera au Nord ou au Sud, ſans le couper, il n'y aura qu'à faire gliſſer l'image vers l'Oueſt; ſi le Soleil a paſſé le Méridien, il paroîtra ſe plonger dans l'Horiſon, ce qu'il ne fera pas s'il n'eſt pas encore au Méridien, ou dans l'inſtant qu'il y arrive; ainſi le point de l'Horiſon où s'eſt faite l'obſervation qui se trouve au Nord ou au Sud, fait connoître vers lequel des deux on est à l'égard du Soleil.

Avantages de cet Instrument sur ceux qui sont aujourd'hui en usage à la Mer.

La maniere d'observer les hauteurs avec les Instrumens dont on se sert actuellement sur Mer, demande une position exacte & invariable, que le mouvement du Vaisseau contrarie presque toujours : ensorte que l'Observateur toujours gêné, est obligé d'y suppléer par des mouvemens contraires, pour approcher de la vraie situation où doit être son Instrument, ce qui devient impossible dans certains tems, soit par la force du vent, soit par le mouvement trop violent du Vaisseau : car la désunion des objets observés (je veux dire de l'ombre, de l'Horison, ou du Soleil) dérangent l'obſervation & la rendent défectueuſe : tout Pilote conviendra de cet inconvenient, qui neanmoins ne ſe rencontre point dans notre Inſtrument, puiſque l'image de l'aſtre étant une fois amenée à l'Horiſon par les réflexions des deux miroirs, y demeure immobile, quelque mouvement que puiſſe avoir le Vaiſſeau ; de ſorte que cette union de l'aſtre avec la ligne horiſontale ne peut jamais varier, à moins que l'aſtre ne change de place ou que l'Alidade ne ſoit remuée.

Le mouvement du Vaiſſeau qui cauſe à cet Inſtrument un mouvement oblique, donne à l'image de l'aſtre qu'on obſerve, un mouvement lateral ou de côté, qui bien loin d'être un inconvenient, eſt en quelque façon néceſſaire ; l'Obſervateur pouvant voir par ce moyen, (comme nous l'avons dit dans la maniere d'obſerver) ſi ſon Inſtrument eſt perpendiculaire ou non :

il eſt vrai que ce même mouvement de côté, quoique toujours nuiſible dans les autres Inſtrumens, n'eſt pas pourtant ce qui les dérange le plus ; c'eſt principalement celui de haut en bas, & de bas en haut, qui peut toujours cauſer quelques erreurs dans l'obſervation, quelque petit qu'il ſoit : or ce mouvement de haut en bas n'en ſçauroit apporter dans l'Inſtrument, dont nous venons de faire la deſcription, puiſque l'Horiſon & l'aſtre demeurent toujours immobiles relativement l'un à l'autre; & c'eſt en quoi cet Inſtrument a un avantage très-conſidérable ſur tous les autres dont on s'eſt ſervi juſqu'ici : en un mot, on doit faire attention que l'image de l'objet ne peut hauſſer ou baiſſer par le changement de lieu de la glace placée ſur l'Alidade, ſans qu'en même tems la ſeconde glace ne hauſſe ou ne baiſſe d'une pareille quantité & en ſens contraire, ce qui fait qu'ils paroiſſent toujours unis à l'œil de l'Obſervateur, ainſi le tangage ou le roulis n'a rien de contraire à l'exactitude de l'obſervation.

Je ne doute point qu'on ne convienne aiſément, principalement après tout ce que nous venons de dire, que les hauteurs priſes par devant avec la fléche, ſoit au Soleil ou aux étoiles, ne peuvent jamais être bonnes, & la raiſon en eſt évidente par la nature de l'œil, qui ne peut voir directement, & en même-tems deux objets éloignés, comme l'Horiſon & l'aſtre élevé au-deſſus, de ſorte qu'il eſt obligé de les regarder l'un après l'autre ; or, dans cet intervalle, le mouvement de la main ou du Vaiſſeau dérange l'obſervation : au contraire, ſi l'on ſe ſert de notre Nouveau Quartier, on voit toujours l'un & l'autre objet, c'eſt-à-dire, l'Horiſon & l'aſtre réunis dans un même point de vûë ; & par conſéquent il ne peut s'y commettre aucune erreur dans les hauteurs obſervées.

Un autre avantage bien plus eſſentiel dans la navigation, c'eſt de pouvoir obſerver ſans erreur lorſque le Ciel eſt en partie couvert de nuages, c'eſt-à-dire, lors qu'on ne peut guéres appercevoir le Soleil ; or dans ce cas, il faut lever le verre obſcur, & l'œil appercevra le Soleil dans la petite glace pour peu qu'il paroiſſe terminé ; & l'expérience fera connoître qu'on peut prendre ſa hauteur ſans aucune erreur ſenſible ; ce qui ne ſe trouve pas dans l'uſage de tous les autres Inſtrumens ; car dans les tems où il y a beaucoup de nuages, les hauteurs que l'on prendra avec tous ces Inſtrumens, & qui paroîtront bonnes, différeront quelquefois de 20 minutes de la vraie, ou de celle qu'on prendroit, ſi le Soleil venoit à ſe montrer tout d'un coup; au lieu que dans celui-ci, l'image du Soleil étant l'objet obſervé, on peut être aſſuré en tout tems de la hauteur exacte du Soleil, pour peu qu'il ſoit viſible; & on le fait même lorſque ſa lumiere eſt ſi foible, que l'on ne pourroit pas ſe ſervir du quart ordinaire de 90^{d}.

L'avantage de cette ſeule circonſtance ſemble annéantir en faveur de cet Inſtrument, l'uſage de tous ceux dont on ſe ſert actuellement : on ſçait de quelle conſéquence eſt une hauteur dans un atterriſſage, ſur-tout dans nos Mers d'Europe, où ce cas arrive ſouvent, ſur-tout en Hyver, ſoit pour donner dans la Manche, dans un Port, éviter un écueil, &c. Combien de Vaiſſeaux ſe ſont perdus faute de hauteurs en ces parages, ou ailleurs, ou plûtôt par une hauteur qu'on n'a pû obſerver que douteuſe ? & dans quelles inquiétudes ne ſont pas ceux qui en manquent ? quelque pratique qu'ils ayent des ſondes, leurs connoiſſances ne déterminent pas toujours quelque choſe de bien précis. Je ne m'étendrai pas davantage ſur cet article ; comme je parle à des Mariniers, ils en ſçavent toutes les conſéquences : j'ajoûterai ſeulement, que dans l'uſage que j'en ai fait pendant le voyage de la Chine, où j'ai eu ſouvent occaſion d'obſerver d'un Ciel couvert, j'ai toujours trouvé une grande facilité de le faire dans des tems, où on ne pouvoit rien diſcerner avec les autres Inſtrumens.

On ne croit pas prendre une bonne hauteur avec la fléche ou le quart de 90$^{d.}$ ſi on ne voit monter le Soleil beaucoup de tems avant midi ; ce qui eſt preſque inutile à celui-ci, puiſque la promptitude & la préciſion de l'opération rend une obſervation très-bonne, pourvû ſeulement qu'on ſache que l'aſtre n'a pas paſſé le Méridien lorſqu'on l'a faite : cette même préciſion, à une minute près, eſt très-avantageuſe pour corriger, & déterminer l'eſtime de la route ſur quelqu'aire de vent qu'on cingle, ce dont on ne ſe peut pas flater en ſe ſervant des autres Inſtrumens, où 2 ou 3 minutes ne ſont pas ſenſibles.

La facilité avec laquelle on peut prendre une hauteur exacte lorſque le Soleil eſt proche du Zenith, n'eſt pas une des moindres propriétés de cet Inſtrument, pour ceux qui naviguent entre les Tropiques ; on ſçait & on éprouve tous les jours, de combien d'inconveniens, eſt ſuivi le défaut d'une hauteur certaine, lorſqu'on va chercher quelque Iſle ou Port dont le Soleil eſt voiſin du Zenith : car il arrive qu'on tombe ſous le vent, ſans y pouvoir remonter qu'avec d'aſſez grandes difficultés, & même avec un retardement conſidérable, en riſque de manquer ſon voyage : il ſemble donc qu'elle eſt d'autant de conſéquence à leur égard, que le défaut des hauteurs par l'obſcurité, l'eſt à ceux qui viennent en Hyver aterir aux côtes d'Europe : on n'avoit pû juſqu'à preſent trouver un Inſtrument dont on pût ſe ſervir à la Mer, & qui pût donner dans ce cas une hauteur bien certaine ; m'étant appliqué avec ſoin à rechercher s'il y avoit dans l'uſage de celui-ci quelqu'inconvenient dans la pratique, ou quelque raiſon dans la théorie qui pût laiſſer des doutes ſur la préciſion de ces obſervations, je n'ai rien reconnu dans l'une & l'autre, qui ne fût une nouvelle preuve de ſa bonté.

Comme la Marine eſt remplie de perſonnes, qui joignent à une pratique consommée, une théorie profonde; j'ai cru devoir m'étendre un peu davantage sur cet article, & démontrer mathématiquement, que cette hauteur observée est aussi bonne, étant prise avec soin, que celles qu'on prend lorsque le Soleil est à un plus grand éloignement du Zenith; & que la différence, s'il s'en trouvoit, avec la fléche ou le quart de 90$^{d.}$ vient uniquement du défaut de ceux-ci; examinons pour cela les uns & les autres dans leur construction, afin de mieux prouver les erreurs qui en resultent: je commence par le nouveau quartier.

Il est inutile de prouver ici que les angles d'incidence sont égaux aux angles de réflexion; ce théorême est démontré presque dans tous les traités de Mathématiques, ainsi je considérerai seulement comment se produit la mesure de cet angle dans cet Instrument, &

je démontrerai qu'elle est aussi sensible à une élevation moyenne qu'à telle autre élévation qu'on voudra.

Lorsqu'on a arrêté l'Alidade qui porte le grand miroir au commencement de la graduation, on a aussi ajusté le petit miroir, ensorte que l'objet vû directement à travers de la partie non étamée convienne avec celui qui est refléchi par le grand Miroir dans la partie étamée du petit ; alors il est clair que les surfaces de ces deux glaces sont exactement paralleles, c'est-à-dire, qu'elles sont partout également distantes : cette opération est si sensible, qu'on ne peut se tromper de la moindre quantité sans s'en appercevoir ; or puisque pour faire convenir exactement l'objet reflechi avec l'objet vû directement, il faut que les surfaces des Miroirs opposés soient exactement paralleles ; il s'ensuit que quelque mouvement lateral ou perpendiculaire que reçoive l'Instrument, si les deux Miroirs demeurent toujours paralleles l'un à l'autre, & si l'objet refléchi demeure toujours dans le même lieu, il n'est pas possible qu'il y ait jamais aucune altération ni erreur; mais si par le mouvement de l'Alidade qui supporte le grand Miroir, je change sa disposition par rapport au petit Miroir qui demeure toujours immobile, alors ces deux surfaces n'étant plus paralleles, l'objet refléchi change aussi de disposition par rapport à celui qui est vû directement, & ce changement résultant de la diverse inclinaison des deux Miroirs, doit être toujours proportionel au mouvement de l'Alidade, ou, ce qui est la même chose, au mouvement du grand Miroir, puisqu'il est attaché fixement sur l'Alidade: d'ailleurs ce changement de disposition se mesure par un arc de cercle, dont le centre eſt ſur le grand Miroir qui reçoit les rayons du Soleil ou de tout autre objet obſervé.

Par exemple, ſi on avance cette Alidade, l'Horiſon que nous conſidérons ici comme l'objet refléchi, s'abaiſſe dans la partie étamée du petit Miroir, qui par conſéquent refléchit les objets qui ſont de degrés en degrés au-deſſus de l'Horiſon, ſuivant que l'on fait avancer l'Alidade; & ſi continuant toujours de l'avancer, on parvient enfin au degré où le Soleil ſe rencontre, il paroîtra pour lors réuni avec l'Horiſon vû directement, & les degrés de ſon élévation ſeront marqués ſur l'arc de cercle depuis le point *A* où les deux Miroirs étoient dans le même plan, juſqu'en *B*, où on ſuppoſe que l'Alidade vient d'être arrêtée; mais ces deux plans ou Miroirs diverſement inclinés ne changent pas leur diſpoſition, l'Alidade étant avancée vers *C* (point d'élévation qui répond au Zenith) en plus grande raiſon que de *A* en *B*, donc la différente hauteur de l'objet eſt autant ſenſible de *B* en *C*, que de *A* en *B*; d'où il ſuit que la hauteur obſervée, le Soleil étant aux environs du Zenith, eſt auſſi exacte qu'à une moyenne élévation.

Il n'en eſt pas de même des autres Inſtrumens; ſi on les conſidére dans leur conſtruction, on n'en verra qu'un ſeul aſſez exact pour obſerver ſur Mer; c'eſt le Quartier Anglois, lorſqu'il eſt bienfait, car pour l'Arbaleſtrille; ou Fléche, elle a tant d'inconveniens qu'il ſemble qu'ils devroient rebuter ceux qui s'en ſervent, s'ils refléchiſſoient ſur les erreurs qui en peuvent réſulter, & ſur tout le peu d'utilité qu'on en retire pour peu que le tems ſoit embrumé; car je ne crains pas d'avancer qu'aux hauteurs priſes par derriere, la rencontre de l'ombre du marteau avec la ligne horiſontale du gabet, eſt impoſſible à diſcerner exactement dans ce cas, à cauſe de la penombre ; & de plus je vais faire voir en rapportant la conſtruction de cet Inſtrument, qu'il n'eſt pas ſi ſimple que pluſieurs le croyent par la difficulté de conſtruire exactement toutes les piéces qui le compoſent.

L'Arbaleſtrille eſt un inſtrument compoſé d'une fléche ou morceau de bois équarri, (d'environ 3 pieds de long) & de quatre traverſiers ou marteaux de diverſes longueurs, qui au moyen d'une mortoiſe quarrée, doivent paſſer dans la fléche, comprendre exactement ſon quarré, & former avec elle un angle droit de chaque côté : ſur cette fléche ſont gradués les degrés des hauteurs de l'Horiſon au Zenith, enſorte que le marteau étant poſé au bout où commence la graduation, & ſa moitié étant priſe pour rayon du cercle, chaque degré eſt la tangente du complement de la hauteur qu'on veut marquer.

Soit une Arbaleſtrille *ACBD* dont *CD* eſt la fléche, & le bout *C* qui eſt coupé droit, eſt celui d'où on marque la graduation, & auquel on ajuſte le marteau *BCA*, percé par ſon milieu en *C*, & qu'on ſuppoſe toujours perpendiculaire à la fléche : ſi on veut marquer ſur *CD* les degrés, du point *A* comme centre & de l'intervalle *AC*, pris comme rayon, on décrit un quart de cercle, pour y marquer les points de 90$^{d.}$ & 0$^{d.}$ on prend la moitié du quart de cercle en *H* & on tire de *A* en *H* la ſécante *AE* qui rencontre la fléche *CD* en *E* qui ſera le point de 90$^{d.}$ de 0$^{d.}$, puiſque *CE* eſt la tangente du complement de la moitié de 90$^{d.}$: de même pour marquer 80$^{d.}$ ſa moitié eſt 40$^{d.}$ dont le complement eſt 50$^{d.}$ qui ſe rencontrant en *O* du quart de cercle, a pour ſa tangente *GG* : *CF* ſera également la tangente du complement de la moitié de 60$^{d.}$ &c.

On voit par cette méthode de graduation, que plus l'élévation eſt grande, plus les degrés ſont petits, & par conſéquent les changemens qui s'y produiſent par le moins d'obliquité des rayons de lumiere moins ſenſibles, d'où il ſuit que les erreurs qui en proviennent ſont à proportion plus conſidérables, & qu'elles le ſont plus dans ce point de la graduation que dans tout autre plus éloigné de la perpendiculaire : on voit par-là quel eſt le peu de certitude des obſervations qu'on fait avec cet Inſtrument, lorſque le Soleil eſt aux environs du Zenith.

Si on conſidére enſuite les accidens auſquels eſt ſujet ce même Inſtrument, on trouvera que l'incertitude des obſervations devient encore bien plus grande ; il y a deux principales ſources d'erreur ; la premiere vient de ce que la fléche eſt ſujette à ſe courber, & la même choſe peut auſſi arriver aux marteaux ; la ſeconde eſt, que les mortoiſes s'élargiſſent preſque toujours : ces deux inconveniens concourent enſemble à rendre les obſervations défectueuſes, parce que comme on ſuppoſe dans la graduation que l'extrémité *A* du marteau eſt perpendiculaire à la fléche *CD*, ſi le point *A* lui eſt incliné, alors chaque degré *E*, *G*, *F*, &c. ſera plus ou moins proche de *C*, & on doit attendre la même choſe du vacillement du marteau cauſé par l'élargiſſement des mortoiſes : ſi c'eſt la fléche qui eſt courbe, les ſecantes ne détermineront pas bien les degrés, puiſqu'ils ſont ſuppoſés tracés ſur une ligne droite; & il faut toujours remarquer que ces défauts seront d'autant plus sensibles, que l'observation se fera proche du Zenith.

La construction du Quartier Anglois, ou quart de 90 d. est plus simple; on voit que ce sont deux arcs de cercles concentriques, l'un de 23 à 24 pouces de rayon qui contient 30 d. & qui est gradué par des transversales, l'autre de 6 à 7 pouces, & divisé en 60 d. de sorte qu'il contient les degrés du complement du premier arc; on place au centre commun des deux cercles, une pinnule immobile fenduë obliquement pour y appercevoir l'Horison; son plan est incliné de 45 d. au rayon *AE* afin de recevoir plus sensiblement l'ombre ou le rayon du Soleil dans les grandes hauteurs; ils passent aussi par une autre pinnule qui circule librement sur le petit cercle de 60 d. : cette pinnule porte un verre convexe qui réunit les rayons du Soleil, desorte que par ce moyen, pour peu que le ſoleil brille, on peut obſerver ſa hauteur ; il y a de plus ſur l'arc du plus grand rayon une pinnule auſſi mobile qui eſt percée pour y poſer l'œil; cet Inſtrument, lorſqu'il eſt bien fait, eſt préférable à la fléche par la facilité de l'obſervation, d'un tems un peu nébuleux qui rend la fléche inutile, & auſſi parce que ſes parties ſont ſi ſolidement liées, qu'il n'eſt pas ſujet aux mêmes accidens ; malgré cela on ne peut compter préciſement ſur les hauteurs obſervées, lorſque le Soleil eſt près du Zenith, parce que le Soleil dans ce tems parcourt un cercle moins oblique à l'Horiſon, & qu'il croiſe fort promptement le Méridien ; il faut donc pour en obſerver exactement les mouvemens, qu'ils ſoient apperçûs avec beaucoup de ſenſibilité par l'œil de l'Obſervateur ; c'eſt ce qui manque à celùi-ci comme à la fléche;

car le changement qui se produit sur la pinnule par l'ombre ou le rayon du Soleil, s'y fait en raison de la graduation du petit cercle *DE*, sur lequel est posée la pinnule qui reçoit le rayon qui part de l'astre : or ce cercle n'ayant qu'un très-petit rayon, & par conséquent une très-petite graduation où 4 ou 5 minutes ne sont pas sensibles, les changemens des rayons de lumiere produits à son centre sont imperceptibles, l'astre s'élevant davantage & allant de *S* en *V*.

TABLE

De la correction des Elévations de l'œil au-dessus de la ligne horisontale.

à la hauteur de	6 pieds	2 minutes.
	10	4
	23	6
	40	8

Si l'Observateur étoit par exemple élevé de 23 pieds au-dessus de l'Horison, au lieu de mettre l'Alidade sur le point zero, il la mettra 6 minutes plus loin, j'entens en deçà de *A* vers *K*, & ensuite il ajustera le petit Miroir par le moyen de la queüe de buis, comme il a été dit dans la maniere de rectifier l'Instrument, le reste de l'observation se fera à l'ordinaire.

On ajoûtera encore ici quelques Tables très-utiles, non-seulement pour trouver la vraie latitude du lieu où se trouve un Vaiſſeau ſur mer, mais auſſi pour mettre tous les Pilotes en état de corriger les erreurs des cartes maritimes, & déterminer à une minute près, la latitude de toutes les côtes où ils auront fait quelques obſervations : *Voici les déclinaiſons de ſix des plus éclatantes étoiles* qu'on pourra obſerver quelquefois dans le tems du Crépuſcule, ce qui ſera plus exact que toutes les autres obſervations qu'on pourroit faire, & même que celles *du Soleil*; car on doit être aſſuré que l'erreur, (s'il y en a) qui pourroit être dans la poſition de ces Etoiles, ne va pas à la dixiéme partie d'une minute; ainſi il n'y a d'autres erreurs à craindre, que celles qui peuvent venir de la diviſion de l'Inſtrument, ou de la mal-adreſſe de l'Obſervateur.

Table pour le commencement de 1740.

Déclinaison boreale de *la Chevre* - - - - - -	45 d.	41′ $\frac{5}{6}$	ou	50″
Déclinaison méridionale de *Sirius* dans la gueule du grand Chien - -	16	22 $\frac{1}{2}$	ou	35
Déclin. boreale de *Procyon* ou du petit Chien -	5	52 $\frac{3}{4}$		
Déclin. boreale d'*Arcturus* dont la lumiere est rougeâtre - - - - - -	20	33 $\frac{1}{3}$		
Déclin. boreale de *la Luisante de la Lyre* - -	38	33 $\frac{2}{3}$		
Déclin. boreale de *la Luisante de l'Aigle* - -	8	12 $\frac{1}{2}$		

Et parce que les déclinaisons de ces Etoiles changent sensiblement au bout de quelques années, voici une autre Table pour l'an 1750, d'où il sera aisé de tirer la réduction pour telle année qu'on voudra, car on fera cette régle de proportion ... si 10 ans donnent, par exemple, 1′ ou 60″ pour la variation de *Capella*, combien donneront 2 ans? On multipliera 60″ par 4, & on divisera le produit 240 par 10, & le quotient 24″ sera la variation de Capella pour 4 ans; il en est ainsi des autres.

Table pour le commencement de 1750.

		différence pour 10 ans.
Déclin. boreale *de la Chevre* -	$45^{d.}$ 42' $\frac{3}{4}$ ou 50"	1' 0" +
Déclin. méridionale de *Sirius*	16 23	0 24 +
Déclin. boreale du *petit Chien*	5 51	1 10 —
Déclin. boreale d'*Arcturus* -	20 30 $\frac{1}{2}$ ou 27	2 53 —
Déclin. boreale de *la Luisante de la Lyre* - -	38 34	0 24 +
Déclin. boreale de *la Luisante de l'Aigle* -	8 13 $\frac{3}{4}$ ou 50	1 20 +

On a crû qu'il étoit suffisant de donner ici la position de ces six Etoiles, & on fera ensorte de donner dans la suite un Catalogue complet, non-seulement des Etoiles de la premiere & seconde grandeur, mais aussi de toutes les Etoiles du Zodiaque qui peuvent être rencontrées par la Lune; car les éclipses de ces Etoiles par *la Lune* sont très-fréquentes, & l'on a la méthode d'en déduire *la longi-*

tude en Mer avec une aſſez grande préciſion.

Nous joindrons enſin à ce Traité quelques remarques ſur les refractions aſtronomiques, auſquelles il ſemble qu'on doive avoir d'autant plus d'égard, que l'Inſtrument, dont on ſe ſervira déſormais pour prendre hauteur, eſt ſuſceptible d'une préciſion qu'on ſe flate toujours d'obtenir, mais qu'on ne peut réellement attraper avec tous les autres.

La refraction d'un aſtre, comme on ſçait, eſt la quantité dont les rayons qui viennent de l'aſtre, ſe détournent en paſſant par différens milieux plus denſes les uns que les autres, à meſure qu'ils s'approchent de la ſurface de la terre : *la plus grande refraction* ſe fait à l'Horiſon où elle eſt d'environ un demi degré ; (ce qui fait que le Soleil & tous les aſtres paroiſſent à l'Horiſon, quoiqu'ils ſoient neanmoins véritablement au-dessous) & elle diminuë à mesure que l'astre s'approche du Zenith : il faut corriger toutes les hauteurs par la refraction, c'est-à-dire, *que la hauteur observée est toujours trop grande*; c'est pourquoi on cherchera dans l'une des deux Tables suivantes la refraction qui convient à la hauteur donnée.

On n'a guéres pû se dispenser de donner au moins deux Tables, parce qu'on a reconnu que les refractions ne sont pas les mêmes par toute la terre : sous l'Equateur autrement *sous la Ligne*, les refractions sont plus petites que dans tous les autres lieux plus proches des pôles : si l'on se trouve, par exemple, entre l'Equateur ou les Tropiques, & le 50e ou le 60e degré de latitude, il faudra prendre proportionnellement entre les deux Tables que nous donnons ici.

On remarquera qu'à l'Horison,

ſur-tout au lever du Soleil, les refractions ſont ſujettes à pluſieurs variations qui montent à trois ou quatre minutes, c'eſt pourquoi il n'y a pas grande certitude à eſperer dans les hauteurs qui ſont au-deſſous de 4 ou 5 degrés : chacune des deux Tables ſuivantes exprime une refraction moyenne entre la plus grande & la plus petite obſervée, ſoit à l'Equateur, ſoit en Europe aux côtes de la mer; la régle générale eſt que dans les plus grands froids les refractions ſont toujours un peu plus grandes que dans tout autre tems. Les refractions ne ſont cependant pas ſenſiblement variables au-deſſus du 10e degré de hauteur.

Degrés de hauteur.	*Table des refract. sous l'équateur.*	*Table des refract. au 50d. de latitude.*
Dans l'Horison	27 min.	33 min.
à $1^{d.}$ de haut.	20 $\frac{1}{2}$	24
2	16	18 $\frac{1}{2}$
3	12 $\frac{1}{4}$	14 $\frac{1}{4}$
4	10	11 $\frac{1}{2}$
5	8 $\frac{1}{2}$	9 $\frac{3}{4}$
6	7	8 $\frac{1}{4}$
7	6	7 $\frac{1}{4}$
8	5	6 $\frac{1}{4}$
9	4 $\frac{1}{2}$	5 $\frac{3}{4}$
10	3 $\frac{3}{4}$	5 $\frac{1}{4}$
11	3 $\frac{1}{4}$	4 $\frac{3}{4}$
12	3	4 $\frac{1}{3}$
13	2 $\frac{3}{4}$	4
14	2 $\frac{1}{4}$	3 $\frac{3}{4}$
15	2	3 $\frac{1}{2}$
20	1 $\frac{1}{2}$	2 $\frac{1}{2}$
30	1	1 $\frac{1}{2}$
45	0 $\frac{1}{2}$	1
60	0 $\frac{1}{3}$	0 $\frac{1}{2}$
68	0 $\frac{1}{4}$	0 $\frac{1}{3}$
90	0	0

Extrait des Registres de l'Académie Royale des Sciences, du 4. Mars 1739.

MESSIEURS Dufay & le Monnier, qui avoient été nommés pour examiner un Traité de M. D'APRE'S DE MANNEVILLETTE, intitulé, *le Nouveau Quartier Anglois, &c.* en ayant fait leur rapport, la Compagnie a jugé que l'Auteur expliquoit avec beaucoup de netteté la maniere de se servir de cet Instrument pour les hauteurs; de même que les avantages de cet Instrument sur la Fléche & le Quartier Anglois, & qu'il paroissoit que l'Ouvrage devoit être très-utilei au progrès de la Navigation; en foi de quoi j'ai signé le présent Certificat. A Paris ce 8. Mars 1739. *Signé*, FONTENELLE, Secretaire perpetuel de l'Académie Royale des Sciences.

PRIVILEGE DU ROY.

LOUIS par la grace de Dieu Roi de France & de Navarre: A nos amez & feaux Conseillers, les Gens tenans nos Cours de Parlement, Maîtres des Requêtes, ordinaires de notre Hôtel, grand Conseil, Prevôt de Paris, Baillifs, Senechaux leurs Lieutenans Civils & autres nos Justiciers, qu'il appartiendra, SALUT. Notre ACADEMIE ROYALE DES SCIENCES, Nous a très-humblement fait exposer, que depuis qu'il Nous a plû lui donner par un Réglement nouveau de nouvelles marques de notre affection, Elle s'est appliquée avec plus de soin à cultiver les Sciences, qui font l'objet de ses exercices; ensorte qu'outre les Ouvrages qu'elle a déja donné au Public, Elle seroit en état d'en produire encore d'autres, s'il Nous plaisoit lui accorder de nouvelles Lettres de Privilege, attendu que celles que Nous lui avons accordées en datte du six Avril 1693. n'ayant point eu de tems limité, ont été déclarées nulles par un Arrêt de notre Conseil d'Etat, du 13 Août 1704, celles de 1713, & celles de 1717, étant aussi expirées; & désirant donner à notredite Académie en corps, & en particulier, & à chacun de ceux qui la composent toutes les facilités & les moyens qui peuvent contribuer à rendre leurs travaux utiles au Public; Nous avons permis & permettons par ces presentes à notredite Académie, de faire vendre ou débiter dans tous les lieux de notre obéïssance, par tel Imprimeur ou Libraire qu'elle voudra choisir, *Toutes les Recherches ou Observations journalieres, ou Relations annuelles de tout ce qui aura été fait dans les assemblées de notredite Académie Royale des Sciences; comme aussi les Ouvrages, Mémoires, ou Traités de chacun des particuliers qui la composent, & généralement tout ce que ladite Académie voudra faire paroître, après avoir fait examiner lesdits Ouvrages, & jugé qu'ils sont dignes de l'impression*; & ce pendant le tems & espace de quinze années consécutives à compter du jour de la datte desdites présentes. Faisons défenses à toutes sortes de personnes de quelque qualité & condition qu'elles soient d'en introduire d'impression étrangere dans aucun lieu de notre obéïssance; comme aussi à tous Imprimeurs-Libraires, & autres, d'imprimer, faire imprimer vendre, faire vendre, débiter ni contrefaire aucun desdits Ouvrages ci-dessus specifiés, en tout ni en partie, ni d'en faire aucuns Extraits, sous quelque prétexte que ce soit, d'augmentation, correction, changement de titre, feuilles même séparées, ou autrement, sans la permission expresse & par écrit de notredite Académie, ou de ceux qui auront droit d'elle, & sans cause, à peine de confiscation des Exemplaires contrefaits, de dix mille livres d'amende contre chacun des Contrevenans, dont un tiers à Nous, un tiers à l'Hôtel-Dieu de Paris, l'autre tiers au Dénonciateur, & de tous dépens, dommages & intérêts: à la charge que ces presentes seront enregistrées tout au long sur le Registre de la Communauté des Imprimeurs & Libraires de Paris, dans trois mois de la datte d'icelles; que l'impression desdits Ouvrages sera faite dans notre Royaume & non ailleurs, & que notredite Académie se conformera en tout aux Reglemens de la Librairie, & notamment à celui du 10 Avril 1725. & qu'avant que de les exposer en vente, les manuscrits ou imprimés qui auront servi de copie à l'impression desdits Ouvrages, seront remis dans le même état, avec les approbations & certificats qui en auront été donnés, ès mains de notre très-cher & féal Chevalier Garde des sceaux de France, le sieur Chauvelin; & qu'il en sera ensuite remis deux exemplaires de chacun dans notre Bibliotheque publique, un dans celle de notre Château du Louvre, & un dans celle de notre très-cher & féal Chevalier Garde des Sceaux de France le sieur Chauvelin; le tout à peine de nullité des présentes ; du contenu desquelles vous mandons & enjoignons de faire joüir notredite Académie ou ceux qui auront droit d'Elle & ses ayans cause, pleinement & paisiblement, sans souffrir qu'il leur soit fait aucun trouble ou empêchement : Voulons que la copie desdites présentes qui sera imprimée tout au long au commencement ou à la fin desdits Ouvrages, soit tenuë pour dûement signifiée, & qu'aux copies collationnées par l'un de nos amez & feaux Conseillers & Secretaires foy soit ajoûtée comme à l'Original : Commandons au premier notre Huissier ou Sergent de faire pour l'exécution d'icelles tous actes requis & necessaires, sans demander autre permission, & nonobstant clameur de Haro, Chartre Normande & Lettres à ce contraires : Car tel est notre plaisir. Donné à Fontainebleau le douziéme jour du mois de Novembre, l'an de grace 1734, & de Regne le vingtiéme, Par le Roy en son Conseil. *Signé* SAINSON.

Registré sur le Registre VIII. de la Chambre Royale & Syndicale des Libraires & Imprimeurs de Paris, num. 792. fol. 775. conformement aux Réglemens de 1723. qui font défenses, Art. IV. à toutes personnes de quelque qualité & condition qu'elles soient, autres que les Libraires & Imprimeurs, de vendre, débiter, & faire afficher aucuns Livres pour les vendre en leur nom, soit qu'ils s'en disent les Auteurs ou autrement, & à la charge de fournir les Exemplaires prescrits par l'Art. CVIII. du même Réglement. A Paris le 15 Novembre 1734. G. MARTIN, *Syndic.*

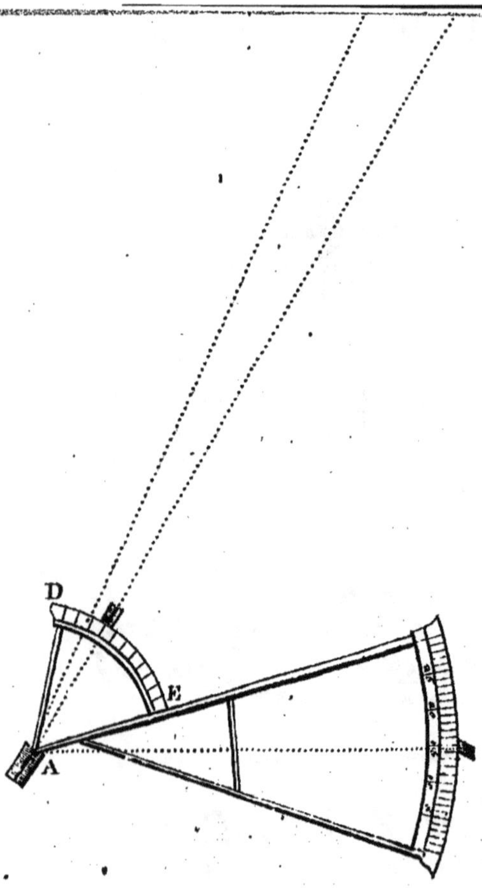

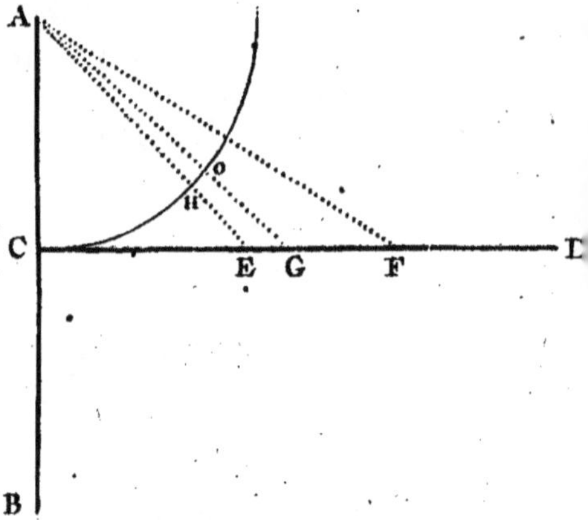

Simonneau Sc.

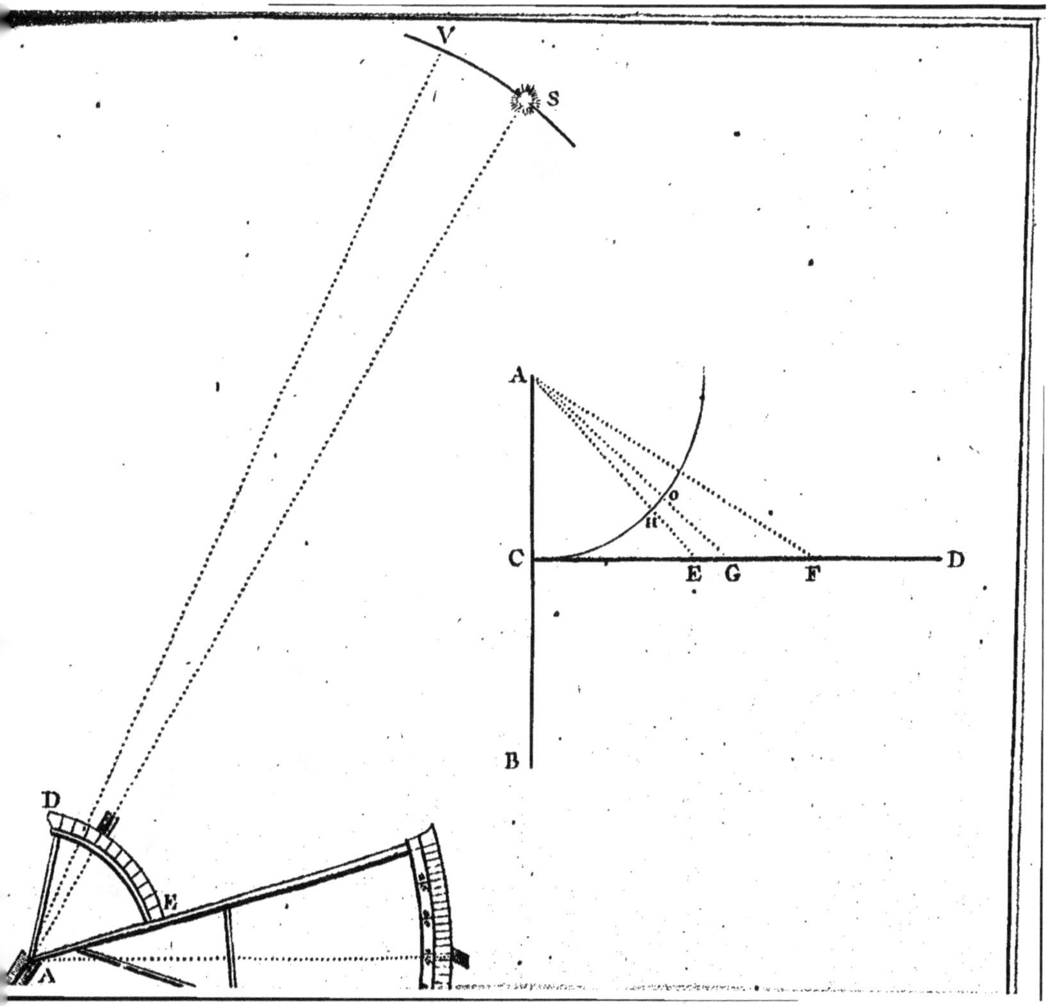
V
S
D
E
A
A
o
H
C
E
G
F
D
B

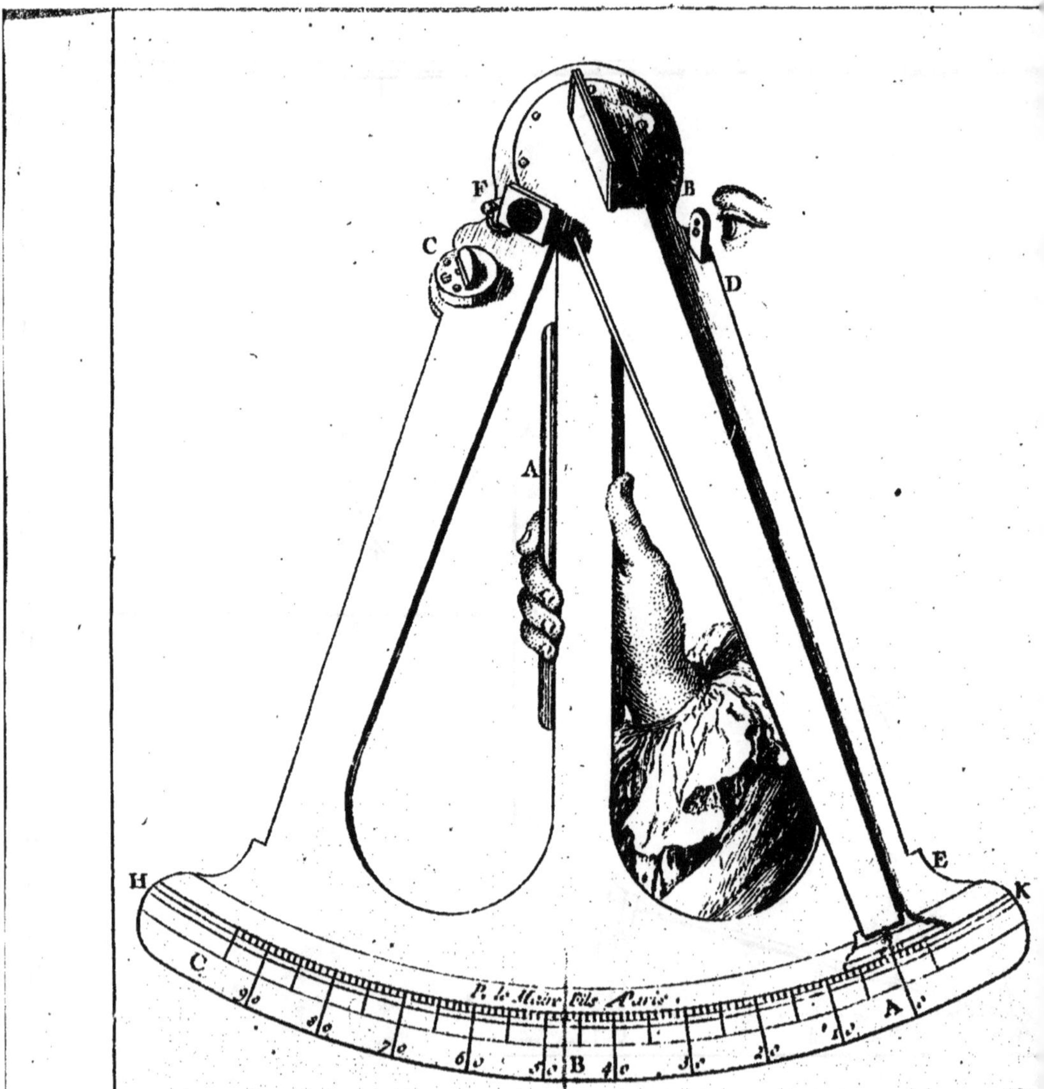
F
B
C
D
A
H
E
K
C
P. le Maire fils A Paris
A
B
90
80
70
60
50
40
30
20
10

www.ingramcontent.com/pod-product-compliance
Lightning Source LLC
Chambersburg PA
CBHW032314210326
41520CB00047B/3089
* 9 7 8 2 0 1 9 5 4 1 7 9 8 *